Grundriß

zu Vorlesungen

über

Encyklopädie und Methodologie der Forstwissenschaft,

im Verbindung mit einer geschichtlichen Einleitung und mit besonderer Berücksichtigung der Forststatik

von

Dr. Richard Heß,

ordentlichem Professor der Forstwissenschaft an der Ludewigs-Universität zu Gießen rc.

Gießen.

J. Ricker'sche Buchhandlung.

1873.

Vorrede.

Unter den vorhandenen Encyklopädieen der Forstwissenschaft gibt es keine einzige, welche dem akademischen Unterricht an Hochschulen pure zum Grunde gelegt werden könnte.

In Bezug auf wissenschaftlich-methodische Behandlung nimmt das betreffende Werk des unsterblichen Hundeshagen, dessen letzte Auflagen Klauprecht besorgt hat, noch immer den ersten Platz ein, allein der Inhalt desselben ist natürlich bei dem neuerdings bedeutenden Aufschwung der Forstwissenschaft, insbesondere seitdem man das, früher auffallend vernachlässigte, mathematische Gebiet dieser Wissenschaft mehr zu kultiviren den Anfang gemacht hat, großentheils veraltet.

Der Grundriß Cotta's (in 6. Auflage) und das im Allgemeinen empfehlenswerthe, hinsichtlich einzelner Theile sogar vortrefflich durchgearbeitete Lehrbuch der Forstwissenschaft von Fischbach (2. Auflage) sind, wenigstens für das Bedürfniß der hiesigen Studirenden, nicht genügend, hauptsächlich mit deshalb, weil sie den forstmathematischen Theil zu stiefmütterlich behandeln. Die Lehre von der forstlichen Statik wird z. B. in Beiden nicht vorgetragen. Als Grund führt Fischbach (S. 82) an: diese Disciplin sei noch zu wenig entwickelt und für den Anfänger ohnehin noch nicht so leicht verständlich.

Bei meinen Vorlesungen über Encyklopädie der Forstwissenschaft habe ich aber, wie schon der Titel sagt, grade die Forststatik vorzugsweise mit zu berücksichtigen. Für den stud. cam., auf dessen Bedürfniß die genannten Vorlesungen wesentlich mit berechnet sind, ist meiner Ansicht nach die Kenntniß der Betriebslehre und insbesondere der Statik, wenn auch nur in den Grundzügen, fast noch wichtiger, als diejenige der Productionslehre und wohl auch interessanter. Die Forstwirthschaft von Pfeil, in der 6. Auflage von Preßler herausgegeben, wird zwar durch ihre kleine Vorschule zum Reinertragswaldbau und ihre gegenwärtige Färbung den neueren Anschauungen der finanziellen Schule gerecht, allein das ganze Buch ist, schon seinem Titel nach, für andere Zwecke berechnet. Als gemeinfaßliches Handbuch für angehende Forstverwalter mag es gute Dienste leisten; zu einem Lehrbuch für akademische Vorlesungen eignet es sich jedoch nicht, denn an der Systematik des Buchs ist Manches auszusetzen. Th. Hartig's System und Anleitung zum Studium der Forstwirthschaftslehre (1858) enthält zwar viele vortreffliche Gedanken, allein die eigenthümliche Art und Weise der ganzen Gruppirung des Stoffes entfernt sich zu weit von dem System des forstlichen Lehrplans an der hiesigen Hochschule, als daß ich mich auf diese Anleitung stützen könnte. Dieselbe Bemerkung gilt für das in 10. Auflage erschienene G. L. Hartig'sche Lehrbuch für Förster, dessen 1. Band überdieß nicht zur Fachwissenschaft gezählt werden kann. Die Forstlehre von Grunert ist auf das Bedürfniß der preußischen Förster berechnet. Auch die Umarbeitung des alten G. L. Hartig'schen Lehrbuchs für Förster durch Borggreve (1871) wird nur diesem Standpunkt gerecht. Die Forstencyklopädie von Püschel endlich kann, ihrer alphabetischen Anordnung zu Folge, lediglich zum Nachschlagen benutzt werden.

Ich war hiernach genöthigt, mir zum Behuf meiner hiesigen forstencyklopädischen Vorträge eigene Hefte auszuarbeiten. Zur Herausgabe derselben kann ich mich im Augenblick aus verschiedenen Gründen noch nicht entschließen. Die wichtigsten sind, daß es mir momentan au der nöthigen Zeit fehlt, die meist nur aphoristisch gehaltene, knappe Schreibart dieser Hefte in das weite

Gewand eines Lehrbuchs zu kleiden und daß es mich überhaupt nicht drängt, grade eine Encyklopädie der Forstwissenschaft zu veröffentlichen. Vielleicht entschließe ich mich dazu, wenn auch von anderer Seite her das Bedürfniß nach einem, dem heutigen wissenschaftlichen Standpunkt entsprechenden, nur grundsätzlich gehaltenen Lehrbuch über Forstwissenschaft verlautet.

Um indessen meinen Zuhörern die Orientirung in der umfassenden Materie einigermaßen zu erleichtern, übergebe ich denselben im Nachstehenden wenigstens ein Inhaltsverzeichniß mit Literaturnachweisen. In Bezug auf die Basis des Systems stehe ich auf dem Boden der Hundeshagen'schen Schule; bei der Ausarbeitung der einzelnen Theile haben mir wesentlich die Werke der beiden Heyer (Carl und Gustav) als Muster vorgeschwebt. Die Forstpolizeilehre habe ich, da es mir nur um einen Grundriß der Forstwissenschaft im engeren Sinn (Privatforstwirthschaftslehre) zu thun war, als besondere Disciplin nicht mit aufnehmen können; übrigens sind einzelne bezügliche Abschnitte, aus Zweckmäßigkeitsgründen, der Einleitung und Statik einverleibt worden. Was die Literaturangaben betrifft, so machen dieselben keineswegs den Anspruch auf Vollständigkeit. Anfängern im Fach darf der Lehrer, nach meinem Dafürhalten, nur erprobte Führer empfehlen.

Sollte sich dieser Grundriß der Zustimmung anderer Collegen, welchen ebenfalls forstencyklopädische Vorträge zugewiesen sind, erfreuen, so würde ich dieß ebenso dankbar zu verehren wissen, als jede wohlmeinende sachliche Kritik.

Gießen, im April 1873.

Der Verfasser.

Einleitung.

I. Allgemeiner Theil. Wald, Forstwirthschaft und Forstwissenschaft als Theile eines größeren Ganzen und als Ganzes für sich.

*) Grebe : Die Beaufsichtigung der Privatwaldungen von Seiten des Staats. Eisenach 1845. §. 8—11 (enthält in Anmerkungen die ältere Literatur).

Rentzsch : Der Wald im Haushalt der Natur und der Volkswirthschaft. Leipzig 1862.

Rivoli : Ueber den Einfluß der Wälder auf die Temperatur der untersten Luftschichten. Posen 1869.

Ney : Die natürliche Bestimmung des Waldes und die Streunutzung. Dürkheim 1869.

Schleiden: Für Baum und Wald. Leipzig 1870.

Ney: Ueber die Bedeutung des Waldes im Haushalte der Natur. Dürkheim 1871.

v. Löffelholz-Colberg: Die Bedeutung und Wichtigkeit des Waldes 2c. Leipzig 1872 (ein systematischer und kritischer Literaturnachweis).

Ebermayer: Die physikalischen Einwirkungen des Waldes auf Luft und Boden 2c. Resultate der forstlichen Versuchsstationen in Bayern, I. Band. Aschaffenburg 1873.

*) Stieglitz: Geschichtliche Darstellung der Eigenthumsverhältnisse an Wald und Jagd in Deutschland. Leipzig 1832.

IV. Cap. Geschichte der Forstwirthschaft bis 1757 *).

I. Periode. Die germanische Urzeit bis zu Carl den Großen.

II. Periode. Das Zeitalter der Forstordnungen bis zur Begründung einer forstwirthschaftlichen Literatur durch Carlowitz 1713.

1. Grundherrliche Verordnungen.
2. Forstbeamte.
3. Forstgerichte.
4. Anfänge forstwirthschaftlicher Behandlung.
5. Landesherrliche Forstordnungen.
6. Forstliteratur.

III. Periode. Von Carlowitz 1713 bis Moser 1757.

V. Cap. Geschichte der Forstwissenschaft und Forstwirthschaft seit 1757 **).

1. Kameralistische Schule.
2. Forstliche Praktiker.
3. Begründer und Förderer der mathematischen Richtung.
4. Begründer und Förderer der naturwissenschaftlichen Richtung.
5. Die Koryphäen der Forstwissenschaft.
6. Die Forstwirthe der neueren und neuesten Zeit.
7. Forstliche Naturforscher.

---

*) v. Widenmann: Geschichtliche Einleitung in die Forstwissenschaft. Tübingen 1837. (Von der S. 5—10 genannten älteren Literatur ist besonders zu empfehlen: Walther: Grundlinien der deutschen Forstgeschichte. Gießen 1816.)

Laurop: Das Forst- und Jagdwesen und die Forst- und Jagdliteratur Deutschlands. Stuttgart 1843.

Smoler: Historische Blicke auf das Forst- und Jagdwesen ꝛc. Prag 1847.

v. Berg: Pürschgang im Dickicht der Jagd- und Forstgeschichte. Dresden 1869.

v. Berg: Geschichte der deutschen Wälder bis zum Schlusse des Mittelalters. Dresden 1871.

Bernhardt: Geschichte des Waldeigenthums, der Waldwirthschaft und Forstwissenschaft in Deutschland. Erster Band. Berlin 1872.

**) Fraas: Geschichte der Landbau- und Forstwissenschaft. München 1865.

8. Forstliche Zeitschriften.
9. Forstlehranstalten.
10. Forstvereine.
11. Entwickelung der Forstwirthschaft seit Moser.
12. Forstliche Aufgabe der nächsten Zeit *).

VI. Cap. Eigenthümlichkeiten der Forstwirthschaft.
1. Character im Allgemeinen.
2. Eigenthümlichkeiten im Besonderen.

VII. Cap. Characteristik der Forstwissenschaft.
1. Character der Wissenschaft überhaupt.
2. Character der Forstwissenschaft insbesondere.

---

*) Die Literatur über die Organisation des forstlichen Versuchswesens ist folgende:

v. Wedekind: Statik der Forstkunde. Neue Jahrbücher 1828. Heft 1, pg. 49.

Heyer, C.: Aufruf zur Bildung eines forststatischen Vereins. Das. 1845. Heft 30, pg. 79 und 127.

Baur: Ueber forstliche Versuchsstationen. Stuttgart 1868.

Sitzungsprotokoll des von der Versammlung deutscher Land- und Forstwirthe zu Wien bestellten Ausschusses für Einrichtung des forstlichen Versuchswesens, d. d. Regensburg 23. Nov. 1868 (abgedruckt in der Forst- und Jagdztg. desselben Jahrgangs pg. 476).

Danckelmann: Ueber die Organisation des forstlichen Versuchswesens. Zeitschrift für Forst- und Jagdwesen. 1867, Bd. I, pg. 438—448.

Ueber die Organisation des forstlichen Versuchswesens. Aus Bayern. Allgemeine Forst- und Jagdztg. 1869, pg. 300 und 344 (enthält sehr reiche Literaturnachweise).

Heß: Ueber die Organisation des forstlichen Versuchswesens. Academische Antrittsrede. Gießen 1870.

Uebet die Organisation des forstlichen Versuchswesens. Aus Bayern. Allgemeine Forst- und Jagdztg. 1870, pg. 146.

Heß: Nochmals über die Organisation des forstlichen Versuchswesens. Allgemeine Forst- und Jagdztg. 1871, pg. 12. 1872, pg. 185.

Schuberg: Ueber die Einrichtung des forstlichen Versuchswesens. Monatschrift 1870, pg. 281. 1871, pg 254. 1872, pg. 391.

Judeich: Ueber die Organisation des forstlichen Versuchswesens. Tharander Jahrbuch 1871, 1. Heft, pg. 1.

v. Seckendorf: Die Organisation des forstlichen Versuchswesens in Oesterreich. Allgemeine Forst- und Jagdztg. 1871, pg. 149.

Ebermayer: Welche Organisation des forstlichen Versuchswesens gibt in der nächsten Zeit Aussicht auf Erfolg? Das. 1872, pg. 407.

---

*) Hartig, Th.: System und Anleitung zum Studium der Forstwirthschaftslehre. Leipzig 1858.

**) Laurop: Handbuch der Forst- und Jagdliteratur von den ältesten Zeiten bis Ende des Jahres 1828 systematisch geordnet. Erfurt und Gotha 1830.

Derselbe: Forst- und Jagdliteratur von 1829 bis 1843. Frankfurt 1844.

Derselbe: Ergänzungsheft, die Literatur der Jahre 1844 und 1845.

Engelmann: Bibliothek der Forst- und Jagd-Wissenschaft von 1750 bis 1842. 2. Auflage (1. Auflage von Enslin). Leipzig 1843.

Schneider: Bibliothek der Forst- und Jagd-Literatur von 1842 bis 1856. Berlin 1856.

Baldamus: Die literarischen Erscheinungen der letzten 10 Jahre 1856 bis 1865 auf dem Gebiete der Forst- und Jagdwissenschaft. Prag 1866.

2. Allgemeine Lehrbücher *).

Baldamus' fünfjährige Fachcataloge der deutschen Literatur. V. Forst-, Haus- und Landwirthschaft, Gartenbau, 1866—1870. Leipzig 1871. Die drei letztgenannten Repertorien sind Fortsetzungen des Engelmann'schen Werks.

Pfeil: Kritisches Repertorium der Forstwirthschaft und ihrer Hülfswissenschaften. Berlin 1855 (1820). 1. Abtheilung der: Anleitung zur Behandlung u. s. w. der Forsten.

v. Löffelholz-Colberg: Forstliche Chrestomathie. Beitrag zu einer systematisch-kritischen Nachweisung und Beleuchtung der Literatur der Forstbetriebslehre und der dahin einschlagenden Grund- und Hülfswissenschaften. Berlin. Bis jetzt sind erschienen die Bände I (1866), II (1867), III. 1. Abtheilung (1871) und IV (1868).

*) Feistmantel: Die Forstwissenschaft nach ihrem ganzen Umfange ꝛc. 4 Abtheilungen. Wien 1835—1837.

Hundeshagen: Encyklopädie der Forstwissenschaft, herausgegeben von Klauprecht. 3 Abtheilungen. Tübingen.

1. Abtheilung: Forstliche Productionslehre. 4. Auflage 1842 (1821).
2. Abtheilung: Forstliche Gewerbslehre. 4. Auflage 1843 (1822).
3. Abtheilung: Lehrbuch der Forstpolizei. 4. Auflage 1859 (1831).

Pfeil: Neue vollständige Anleitung zur Behandlung, Benutzung und Schätzung der Forsten. 5 Abtheilungen. Berlin.

1. Abtheilung: Literaturnachweisung (bereits in der vorstehenden Anmerkung erwähnt).
2. Abtheilung: Holzkenntniß und Holzerziehung. 3. Auflage 1854 (1821).
3. Abtheilung: Forstschutz und Forstpolizeilehre. 2. Auflage 1845 (1829).
4. Abtheilung: Forstbenutzung und Forsttechnologie. 3. Auflage 1858.
5. Abtheilung: Die Forsttaxation in ihrem ganzen Umfange. 3. Auflage 1858.

Hartig, G. L.: Lehrbuch für Förster. 10. Auflage, herausgegeben von Th. Hartig. Stuttgart 1861.

Fischbach, C.: Lehrbuch der Forstwissenschaft. 2. Auflage. Stuttgart 1865.

Pfeil: Die Forstwirthschaft nach rein practischer Ansicht. 6. Auflage, herausgegeben von Preßler. Leipzig 1870.

Cotta, H.: Grundriß der Forstwissenschaft. 6. Auflage, herausgegeben von seinen Enkeln Heinrich und Ernst von Cotta. Leipzig 1872 (1831).

3. Zeitschriften *).

4. Vereinsverhandlungen **).

Püschel: Kurzgefaßte Forstencyklopädie, alphabetisch geordnet. 2. Auflage. Leipzig 1872 (1860).

Grunert: Forstlehre. 2 Theile. Hannover 1872.

Ebermayer, Th.: Die Lehren der Forstwissenschaft. München 1872. Nachtrag hierzu 1873.

*) Die wichtigsten Fachzeitschriften sind:

Heyer, G.: Allgemeine Forst- und Jagdzeitung. Frankfurt. Jährlich 12 Hefte.

Judeich: Tharander Forstliches Jahrbuch. Dresden. Jährlich 4 Hefte.

Baur: Monatschrift für das Forst- und Jagdwesen. Stuttgart. Jährlich 12 Hefte.

Danckelmann: Zeitschrift für Forst- und Jagdwesen, zugleich Organ für forstliches Versuchswesen. Berlin. Jährlich 2 Hefte.

Grunert und Leo: Forstliche Blätter. Leipzig. Jährlich 12 Hefte (an Stelle der früheren Grunert'schen Blätter).

Forstliche Mittheilungen aus dem bayerischen Ministerialforstbureau. München. Bis jetzt sind im Ganzen 16 Hefte erschienen.

Burckhardt: Aus dem Walde. Mittheilungen in zwanglosen Heften. Hannover. Bis jetzt sind im Ganzen 3 Hefte veröffentlicht worden. 1865. 1869. 1872.

Die Pfeil'schen kritischen Blätter, von Nördlinger fortgesetzt, sind leider 1871 eingegangen. Von der älteren Journalliteratur verdienen besonders Beachtung:

Hundeshagen: Beiträge zur gesammten Forstwissenschaft. 3 Bände. Tübingen 1824—1845.

Heyer, C.: Beiträge zur Forstwissenschaft. 2 Hefte. Dillenburg und Gießen 1842 und 1847.

**) Folgende Forstvereine veröffentlichen ihre Verhandlungen in gedruckten Berichten: Die Versammlung deutscher Land- und Forstwirthe, die Versammlung deutscher Forstmänner, der schlesische Forstverein, der Harzer Forstverein, der Hils-Solling Forstverein, der sächsische Forstverein, der badische Forstverein, der Thüringer Forstverein, der österreichische Reichsforstverein, der böhmische Forstverein, der mährisch-schlesische Forstverein, der Schweizer Forstverein u. A.

II. Besonderer Theil: Die Forstwissenschaft in ihren einzelnen Gliedern.

I. Haupttheil. Forstliche Productionslehre *).

I. Buch. Waldbau.

Einleitung.

I. Begriff.

II. Eintheilung.

III. Literatur **).

I. Theil. Holzzucht.

I. Abschnitt. Bestandesbegründung.

I. Cap. Allgemeine Grundzüge.

I. Uebersicht der Bestandesbegründungsarten.

II. Wahl zwischen Anbau und Anzucht des Holzes.

III. Holzarten ***).

1. Uebersicht.

---

*) G. L. Hartig's Lehrbuch für Förster, nach der 3. Auflage (1811) zeitgemäß bearbeitet von Borggreve. Berlin 1871.

**) Cotta: Anweisung zum Waldbau. 9. Auflage. Leipzig 1865.

Gwinner: Waldbau in erweitertem Umfang, herausgegeben von Dengler. 4. Auflage. Stuttgart 1858.

Pfeil: Die deutsche Holzzucht. Leipzig 1860.

Heyer, C.: Der Waldbau oder die Forstproductenzucht. 2. Auflage, herausgegeben von G. Heyer. Leipzig 1864 (ausgezeichnet scharf systematisirt, durchaus generell gehalten, daher für Anfänger jedenfalls das beste Buch).

Stumpf: Anleitung zum Waldbau. 4. Auflage. Aschaffenburg 1870.

Burckhardt: Säen und Pflanzen nach forstlicher Praxis. 4. Auflage. Hannover 1870 (ein vortreffliches Handbuch für den Wirthschafter).

***) Hartig, Th.: Vollständige Naturgeschichte der forstlichen Culturpflanzen Deutschlands. Berlin 1852.

Willkomm: Deutschlands Laubhölzer im Winter. 2. Ausgabe. Dresden 1864.

Döbner: Lehrbuch der Botanik für Forstmänner. 3. Auflage. Aschaffenburg 1865.

Henkel und Hochstetter: Synopsis der Nadelhölzer. Stuttgart 1865.

2. Beziehungen zwischen Holzarten und Standorten *).
   A. Verhalten des Standorts gegen die Holzarten.
      a. Boden.
         α. Mineralische Zusammensetzung.
         β. Humus.
         γ. Physikalische Eigenschaften.
            aa. Tiefgründigkeit.
            bb. Feuchtigkeit.
            cc. Lockerheit **).
            dd. Erwärmungsfähigkeit.
         δ. Untergrund.
      b. Klima und Lage.
         α. Breite und Länge.
         β. Meereshöhe.
         γ. Exposition.
         δ. Umgebung.
   B. Verhalten der Holzarten zum Boden.
      a. Kronenschirm.
      b. Geselligkeitsgrad.
      c. Holzalter.
      d. Streudecke.
      e. Verwesungszeit des Blattes.
3. Gegenseitiges Verhalten der Holzarten ***).
   A. Verhalten gegen Licht und Schatten.
   B. Schnellwüchsigkeit.
4. Gemischte Bestände.

---

*) Heyer, G.: Lehrbuch der forstlichen Bodenkunde und Klimatologie. Erlangen 1856.

Grebe: Gebirgskunde, Bodenkunde und Klimalehre. 3. Auflage. Eisenach 1865.

**) Fischbach, H.: Ueber die Lockerung des Waldbodens. Stuttgart 1858.

***) Heyer, G.: Das Verhalten der Waldbäume gegen Licht und Schatten. Erlangen 1852.

E. Anfertigung der Pflanzlöcher.
F. Pflanzenaushebung.
G. Pflanzenbeschnitt.
H. Pflanzentransport.
I. Pflanzverfahren.
a. Lochpflanzungen.
α. Mit Hacke oder Spaten.
β. Mit dem Heyer'schen Hohlbohrer.
γ. Mit dem Pfeil'schen Setzstock.
δ. Mit dem Buttlar'schen Pflanzeisen *).
ε. Mit dem Biermanns'schen Spiralbohrer **).
ζ. Gewöhnliche Spaltpflanzung.
aa. Beilpflanzung.
bb. Spatenpflanzung.
η. Spaltpflanzung nach Alemann ***).
b. Obenaufpflanzungen.
α. Gewöhnliche Hügelpflanzung.
β. Manteuffel'sche Hügelpflanzung †).
γ. Rabatten- oder Sattelpflanzung.
K. Schutz und Pflege der Pflanzung.
4. Pflanzung mit Absenkern.
5. Pflanzung mit Stecklingen und Setzstangen.
III. Cap. Holzzucht.
I. Titel. Verjüngung durch Samen ††).
1. Holzarten.
2. Verjüngungsalter.
3. Verjüngungsrichtung.

---

*) v. Buttlar: Forstculturverfahren 2c. Cassel 1853.

**) v. Nachtrab: Anleitung zu dem neuen Waldkulturverfahren des Oberförsters Biermanns. Wiesbaden 1846.

***) v. Alemann: Ueber Forstkulturwesen. 2. Afl. Magdeburg 1861.

†) v. Manteuffel: Die Hügelpflanzung der Laub- und Nadelhölzer. 3. Auflage. Leipzig 1865.

††) Grebe: Der Buchenhochwaldbetrieb. Eisenach 1856.
Knorr: Studien über die Buchenwirthschaft. Nordhausen 1863.

4. Schlaganlage.
5. Schlagstellung.
A. Verjüngung mittelst Ueberstand.
a. Vorbereitungsschlag.
b. Samenschlag.
c. Nachhiebe.
d. Waldrechter.
B. Verjüngung mittelst Seitenstand.
II. Titel. Verjüngung durch Ausschlag.
1. Holzarten.
2. Verjüngungsalter.
3. Verjüngungsrichtung.
4. Schlaganlage.
5. Zeit der Hiebsführung.
6. Art der Hiebsführung.
7. Nachbesserung.

II. Abschnitt. Bestandeserziehung.

1. Aufgabe.
2. Erziehungsmittel.
I. Cap. Erziehung der Samenholzbestände.
I. Titel. Ausjätung.
1. Zweck.
2. Ausführung.
A. Art.
B. Zeit.
II. Titel. Durchforstung.
1. Zwecke.
2. Ausführung.
A. Art.
B. Zeit.
a. Anfang.
b. Wiederholung.
c. Schluß.
d. Jahreszeit.

III. Titel. Aufastung *).
1. Zwecke.
2. Ausführung.
A. Art.
B. Zeit.
IV. Titel. Bodenpflege.
II. Cap. Erziehung der Ausschlagholzbestände.

II. Theil. Nebennutzungszucht.

I. Cap. Theilnutzungen.
I. Titel. Rinde **).
1. Holzart.
2. Holzalter.
3. Oertlichkeiten.
4. Bestandesdichte.
II. Titel. Futterlaub.
1. Holzarten.
2. Betriebsarten.
3. Oertlichkeiten.
III. Titel. Baumfrüchte.
1. Holzarten.
2. Oertlichkeiten.
3. Veredelung.
II. Cap. Eigentliche Nebennutzungen.
I. Titel. Waldgras.

---

*) de Courval: Das Aufästen der Waldbäume; übersetzt von Höffler. Berlin 1865.
Des-Cars: Das Aufästen der Bäume; übersetzt von Haber. Köln 1868.
Alers: Ueber das Aufästen der Nadelhölzer. Braunschweig 1868.
Tramnitz: Schneideln und Aufasten. Breslau 1872.

**) Ueber Anlage und Bewirthschaftung von Eichenschälwaldungen; herausgegeben vom K. Preuß. Landes-Oekonomie-Collegium. Berlin 1854.
Grunert: Der Eichenschälwald im Regierungsbezirk Trier. Hannover 1868.
Neubrand: Die Gerbrinde. Frankfurt a. M. 1869.

1. Grasarten.
2. Oertlichkeiten.
3. Beförderungsmaßregeln.

II. Titel. Landwirthschaftliche Gewächse.
1. Gewächsarten.
2. Oertlichkeiten.

III. Titel. Torf.
1. Torfgewächse.
2. Oertlichkeiten.
3. Verfahren.

IV. Titel. Sonstige Nebennutzungen.
1. Wild.
2. Fische.

III. Theil. Die forstlichen Betriebsarten.

1. Begriff.
2. Uebersicht.

I. Abschnitt. Reine Hauptnutzungsbetriebe.

I. Cap. Hochwaldbetriebe.
1. Charakteristik der zugehörigen Betriebsarten.
2. Holzarten.
3. Behandlung.

II. Cap. Ausschlagholzbetriebe.
1. Charakteristik der zugehörigen Betriebsarten.
2. Holzarten.
3. Behandlung.

III. Cap. Compositionsbetriebe.
1. Charakteristik der zugehörigen Betriebsarten.
2. Holzarten.
3. Behandlung.

II. Abschnitt. Haupt- und Nebennutzungsbetriebe.

I. Cap. Verbindung der Holzzucht mit Fruchtbau.

I. Titel. Hochwaldbetrieb mit Fruchtbau.

I. Röderlandbetrieb.

1. Begriff.
2. Holzarten.
3. Behandlung.

II. Baumfeldbetrieb *).

1. Begriff.
2. Holzarten.
3. Behandlung.

III. Waldfeldbetrieb.

1. Begriff.
2. Holzarten.
3. Behandlung.

II. Titel. Hackwaldbetrieb **).

1. Begriff.
2. Holzarten.
3. Behandlung.

II. Cap. Verbindung der Holzzucht mit Thierzucht.

I. Titel. Waldweidebetrieb.

1. Begriff.
2. Holzarten.
3. Behandlung.

II. Titel. Wildgartenbetrieb ***).

1. Begriff.
2. Holzarten.
3. Behandlung.

---

*) Cotta: Die Verbindung des Feldbaus mit dem Waldbau. Dresden 1819, nebst 3 Fortsetzungen 1820, 1822.

**) Strohecker: Die Hackwaldwirthschaft. 2. Auflage. München 1867.
Vogelmann: Die Reutberge des Schwarzwalds. Karlsruhe 1871.

***) Hartig, G. L.: Lehrbuch für Jäger 2 Bände. 9. Auflage. Stuttgart 1865.
Leo: Die Wildgärten. Leipzig 1868.

II. Buch. Forstschutz.

Einleitung.

I. Begriff.

II. Eintheilung.

III. Literatur *).

I. Theil. Schutz der Waldungen gegen die organische Natur.

I. Abschnitt. Schutz gegen störende Eingriffe der Menschen.

I. Cap. Waldbegrenzung.

1. Arten der Waldgrenzen.
2. Grenzzeichen.
   A. Eintheilung.
   B. Grenzsteine.
   C. Grenzgräben.
3. Grenzregulirung.
4. Grenzaufnahme.
5. Grenzschutz.

II. Cap. Schutz gegen Waldfrevler.

1. Forstvergehen.
   A. Begriff.
   B. Eintheilung.
      a. Beschädigungen.
      b. Entwendungen.
      c. Forstpolizeivergehen.
   C. Bestrafung.
2. Schutzmaßregeln.
   A. Vorbeugungsmaßregeln.
   B. Abstellungsmaßregeln.

---

*) König: Die Waldpflege. 2. Auflage, herausgegeben von Grebe. Gotha 1859.

Bernhardt: Die Waldwirthschaft und der Waldschutz. Berlin 1869.

Kauschinger: Die Lehre vom Waldschutz und der Forstpolizei. 2. Auflage. Aschaffenburg 1872.

II. Abschnitt. Schutz gegen Thiere*).

I. Cap. Säugethiere.

I. Titel. Hausvieh.

1. Schädlichkeit.
   A. Weidevieh.
   B. Mastvieh.
2. Schutzmaßregeln.
   A. Gegen Weidevieh.
   B. Gegen Mastvieh.

II. Titel. Wild.

1. Aufzählung der schädlichen Arten.
2. Schädlichkeit.
3. Schutzmaßregeln.
   A. Mittelbare.
   B. Unmittelbare.

III. Titel. Nager.

1. Aufzählung der schädlichen Arten.
2. Schädlichkeit.
3. Schutzmaßregeln.
   A. Mittelbare.
   B. Unmittelbare.
4. Maßregeln nach einem Mäusefraß.

II. Cap. Vögel.

1. Aufzählung der schädlichen Arten.
2. Schädlichkeit.
3. Schutzmaßregeln.
   A. Mittelbare.
   B. Unmittelbare.

*) Döbner: Handbuch der Zoologie. 2 Bände. Aschaffenburg 186[illegible].
Brehm und Roßmäßler: Die Thiere des Waldes. 2 Bände. Leipzig und Heidelberg 1864 und 1867.
Ratzeburg: Die Waldverderber. 6. Auflage. Berlin 1869.
Derselbe: Die Waldverderbniß. 2 Bände. Berlin 1866 und 186[illegible]

III. Cap. Insecten *).

I. Titel. Im Allgemeinen.

1. Eintheilung.
2. Entwickelungsstadien.
3. Lebensweise.
   A. Generation.
   B. Verbreitung.
   C. Fraßsubjecte.
   D. Fraßobjecte.
4. Forstliche Bedeutung.
5. Begegnung.
   A. Vorbeugungsmaßregeln.
   B. Vertilgungsmaßregeln.
6. Behandlung beschädigter Bestände.

II. Titel. Im Besonderen.

I. Nützliche Forstinsecten.

1. Vorbemerkung.
2. Aufzählung.

II. Schädliche Forstinsecten.

1. Vorbemerkung.
2. Aufzählung.
   A. Der wichtigsten Gattungen.
   B. Der schädlichsten Arten.

1. Melolontha vulgaris Fbr. Der gemeine Maikäfer.
2. Curculio Pini Rtz. Der große braune Kiefern- oder Fichtenrüsselkäfer. (Hylobius Abietis L.)
3. Bostrichus typographus L. Der Buchdrucker.

---

*) Ratzeburg: Die Forstinsecten. 3 Bände. Berlin 1839. 1840. 1844.
Nördlinger: Die kleinen Feinde der Landwirthschaft. 2. Auflage. Stuttgart 1869.
Henschel: Leitfaden zur leichteren Bestimmung der schädlichen Forstinsecten; analytisch bearbeitet. Wien 1861.
Nördlinger: Die Kenntniß der wichtigsten kleinen Feinde der Landwirthschaft. Stuttgart 1871.

4. Hylesinus (Hylurgus) piniperda L. Der Waldgärtner.
5. Phal. Bombyx (Gastropacha) Pini L. Der Kiefernspinner.
6. Phal. Bombyx (Liparis) Monacha L. Die Nonne.
7. Phal. Noctua (Trachea) piniperda Esp. Die Kieferneule.
8. Phal. Geometra (Fidonia) piniaria L. Der Kiefernspanner.
9. Tenthredo (Lophyrus) Pini L. Die gemeine Kiefernblattwespe.
10. Gryllus (Acheta) Gryllotalpa L. Die Maulwurfsgrille.

III. Abschnitt. Schutz gegen Gewächse.

I. Cap. Forstunkräuter *).
1. Begriff.
2. Aufzählung.
3. Schädlichkeit.
4. Schutzmaßregeln.
   A. Vorbeugungsmaßregeln.
   B. Vertilgungsmaßregeln.

II. Cap. Pilze **).
1. Aufzählung.
2. Schädlichkeit.
   A. Im Allgemeinen.
   B. Im Besonderen.
3. Schutzmaßregeln.

---

*) Ratzeburg: Die Standortsgewächse und Unkräuter Deutschlands und der Schweiz. Berlin 1859.

**) Willkomm: Die mikroskopischen Feinde des Waldes. 2 Hefte 1866 und 1868.

II. Theil. Schutz der Waldungen gegen die unorganische Natur.

I. Abschnitt. Schutz gegen schädliche Witterungseinflüsse *).

I. Cap. Frost.
1. Schädlichkeit.
2. Schutzmaßregeln.
A. Gegen Spät- und Frühfrost.
B. Gegen Starrfrost.
C. Gegen Barfrost.

II. Cap. Hitze.
1. Schädlichkeit.
2. Schutzmaßregeln.
A. Gegen Verdorren.
B. Gegen Rindenbrand.

III. Cap. Wind.
1. Schädlichkeit.
2. Schutzmaßregeln.
A. Gegen Zugwind.
B. Gegen Sturmwind.

IV. Cap. Schnee.
1. Schädlichkeit.
2. Schutzmaßregeln.

V. Cap. Duft und Eis.
1. Schädlichkeit.
2. Schutzmaßregeln.

II. Abschnitt. Schutz gegen Naturereignisse.

I. Cap. Ueberschwemmungen.
1. Entstehung.
2. Schädlichkeit.
3. Schutzmaßregeln.

*) Gräger: Sonnenschein und Regen. Weimar 1870.

II. Cap. **Abbruch und Abfluthung des Bodens.**
1. Entstehung.
2. Schädlichkeit.
3. Schutzmaßregeln.

III. Cap. Versumpfung.
1. Entstehung.
2. Schädlichkeit.
3. Schutzmaßregeln.
   A. Vorbeugungsmaßregeln.
   B. Abstellungsmaßregeln.

IV. Cap. Lawinen.
1. Entstehung.
2. Schädlichkeit.
3. Schutzmaßregeln.

V. Cap. Flugsand.
1. Begriff.
2. Schädlichkeit.
3. Schutzmaßregeln.
   A. Vorbeugungsmaßregeln.
      a. Gegen Dünensand.
      b. Gegen Binnensand.
   B. Bindungsmaßregeln.
      a. Bindung des Dünensands.
      b. Bindung des Binnensands.
         α. Deckwerke.
         β. Coupirzäune.
         γ. Holzanbau.

VI. Cap. Waldbrände.
1. Entstehung.
2. Schädlichkeit.
3. Eintheilung.
4. Schutzmaßregeln.
   A. Vorbeugungsmaßregeln.
      a. Wirthschaftliche.
      b. Polizeiliche.

*) v. Löffelholz-Colberg: Beitrag zu einer kritischen Nachweisung über die Schüttekrankheit der Föhre oder Kiefer. Berlin 1865.

**) Reuß: Die Lärchenkrankheit. Hannover 1870.

***) König: Die Forstbenutzung. 2. Auflage, herausgegeben von Grebe. Eisenach 1861.

Gayer: Die Forstbenutzung. 3. Auflage. Aschaffenburg 1873 (äußerst gehaltreich).

†) Nördlinger: Die technischen Eigenschaften der Hölzer. Stuttgart 1860.
Derselbe: Der Holzring. Stuttgart 1872.
Schröder: Das Holz der Coniferen. Dresden 1872.

1. Aufgabe.
2. Eintheilung.
3. Löhne.

II. Titel. Holzhauerwerkzeuge *).
1. Eintheilung.
2. Fällwerkzeuge.
3. Rückwerkzeuge.

III. Titel. Fällungszeit.
1. Bedingende Momente.
2. Regel.

IV. Titel. Fällungsart.
1. Getrennte Gewinnung.
2. Gleichzeitige Gewinnung **).

V. Titel. Holzaufbereitung.
1. Sortirung.
2. Aufsetzung.

VI. Titel. Holzaufnahme.
1. Nummerirung.
2. Messung.
3. Buchung.

II. Cap. Erndte der Nebenproducte.

I. Titel. Rindenerndte ***).
1. Holzarten.
2. Arbeitsübernahme.
3. Werkzeuge.
4. Schälzeit.
5. Schälart.

---

*) Schuster: Anweisung zum wohlfeilsten und gründlichen Baum- und Stockroden 2c. Leipzig 1859.

**) Heyer, C.: Die Vortheile und das Verfahren beim Baumroden. Gießen 1827.
Hartig, E. F.: Praktische Anleitung zum Baumroden. Marburg 1827.

***) Hartig, Th.: Ueber den Gerbstoff der Eiche. Stuttgart 1869.
Neubrand: Die Gerbrinde. Frankfurt a. M. 1869.

6. Trocknung.
7. Aufstellung.

II. Titel. Harzerndte.

1. Holzarten.
2. Werkzeuge.
3. Gewinnungszeit.
4. Gewinnungsart.
   A. In Fichtenwaldungen.
   B. In Schwarzkiefernwaldungen.
   C. In Weißtannenwaldungen.
   D. In Lärchenwaldungen.
5. Würdigung.

III. Titel. Futterlauberndte.

1. Nutzungszeit.
2. Nutzungsart.
3. Würdigung.

IV. Titel. Baumfrüchteerndte.

1. Werkzeuge.
2. Nutzungszeit.
3. Nutzungsart.
4. Weitere Behandlung.

V. Titel. Waldgraserndte.

1. Nutzungszeit.
2. Nutzungsart.
3. Würdigung.

VI. Titel. Waldstreuerndte *).

1. Eintheilung der Streuarten.

---

*) Fischbach, C.: Die Beseitigung der Waldstreunutzung. Frankfurt a. M. 1864.

Bonhausen: Die Raubwirthschaft in den Waldungen. Frankfurt a. M. 1867.

Ney: Die natürliche Bestimmung des Waldes und die Streunutzung. Dürkheim 1869.

Zeeb: Die Waldstreufrage. Ravensburg 1871.

2. Nutzungszeit.
3. Nutzungsart.
4. Würdigung.

VII. Titel. Torferndte.

1. Eintheilung der Torfsorten.
2. Zeit des Torfstichs.
3. Art des Torfstichs.
4. Würdigung.

II. Abschnitt. Transport der Forstproducte *).

I. Cap. Transport des Holzes.

I. Titel. Landtransport.

I. Holzriesen.

1. Begriff.
2. Eintheilung.
3. Stangenriesen.
4. Erdriesen.
5. Rieszeit.
6. Riesart.

II. Waldwege **).

1. Eintheilung.
2. Schlittwege.
3. Waldfahrwege.

A. Gefäll.
B. Breite.
C. Construction des Wegkörpers.
D. Anstalten zur Trockenerhaltung.

---

*) Jägerschmid: Handbuch für Holztransport und Floßwesen. Carlsruhe 1827. 1828. 2 Bände.

**) Scheppler: Das Nivelliren und der Waldwegbau. Aschaffenurg 1863.

Bose: Beschreibnng zweier Instrumente zum Nivelliren der Waldweg ꝛc. Darmstadt 1863.

Dengler: Weg-, Brücken- und Wasserbaukunde. 2. Ausgabe. Stuttgart 868.

Heyer, C.: Anleitung zum Bau von Waldwegen. Gießen 1864.

II. Theil. Forsttechnologie.

I. Abschnitt. Veredelung des Holzes.

I. Cap. Holzimprägnation.
1. Imprägnationsstoffe.
2. Imprägnationsverfahren.

II. Cap. Köhlereibetrieb *).
1. Chemischer Vorgang.
2. Verkohlungsmethoden.

I. Titel. Verkohlung in stehenden Meilern.
1. Holzsortimente.
2. Kohlzeit.
3. Kohlverfahren.
A. Herrichtung der Kohlstätte.
B. Herstellung des Quandels.
C. Richten des Meilers.
D. Decken des Meilers.
E. Feuerarbeit.
F. Löschen.
G. Ausbringen der Kohlen.
H. Kohlenausbeute.

II. Titel. Verkohlung in liegenden Meilern.
1. Holzsortimente.
2. Kohlverfahren.
3. Oertlichkeiten.

III. Cap. Pottaschensiedereibetrieb.
1. Verfahren.
2. Oertlichkeiten.

II. Abschnitt. Veredelung der Nebenproducte.

I. Cap. Theerschwelereibetrieb.

II. Cap. Pechsiedereibetrieb.
1. Auspressen.

*) v. Berg: Anleitung zum Verkohlen des Holzes. 2. Auflage. Darmstadt 1860.

2. Ausschmelzen.
3. Combinationsverfahren.

III. Cap. Kienrußbrennereibetrieb.

IV. Cap. Waldsamenklengbetrieb.
1. Ausklengen des Kiefern- und Fichtensamens.
A. Sonnendarren.
B. Feuerdarren.
C. Dampfdarren.
2. Ausklengen des Lärchensamens.

V. Cap. Torfbetrieb.
1. Gewinnung des Modeltorfs.
2. Gewinnung des Maschinentorfs.

II. Haupttheil. Forstliche Betriebslehre.

I. Buch. Waldertragsregelung.

Einleitung.
I. Begriff.
II. Waldertrag.
III. Grundbedingung des Holzertrags.
IV. Nachhaltbetrieb.
1. Begriff.
2. Arten.
V. Eintheilung.
VI. Literatur *).

*) Heyer, C.: Die Waldertragsregelung. 2. Auflage, herausgegeben von G. Heyer. Leipzig 1862 (sehr systematisch und exact gearbeitet; der vorbereitende Theil ist unübertrefflich; im §. 8 findet sich ein ziemlich vollständiger Nachweis der bis 1861 erschienenen Literatur).
König: Die Forstmathematik. 5. Auflage; herausgegeben von Grebe. Gotha 1864.
Grebe: Die Betriebs- und Ertragsregulirung der Forsten. Wien 1867.
Breymann: Anleitung zur Holzmeßkunst, Waldertragsbestimmung und Waldwerthberechnung. Wien 1868.
Judeich: Die Forsteinrichtung. Dresden 1871 (gediegenes Lehrbuch, steht auf dem neuesten Standpunkt der Reinertragsschule, enthält übrigens Theile der Waldwerthrechnung und Statik).

I. Theil. Grundlagen der Waldertragsregelung.

I. Abschnitt. Normalzustand.

---

*) Braun: Die forstliche Grundeintheilung in der Ebene und im Flachhügellande. 2. Auflage. Darmstadt 1871.

---

*) Kraft: Die Anfangsgründe der Theodolitenmessung und der benen Polygonometrie. Hannover 1865.

Bauernfeind: Elemente der Vermessungskunde. 3. Auflage. Mnchen 1869.

Baur: Lehrbuch der niederen Geodäsie. 2. Auflage. Wien 1871.

**) Hartig, Th.: Vergleichende Untersuchungen über den Ertrq der Rothbuche. 2. Ausgabe. Berlin 1851.

Heyer, G.: Ueber die Ermittlung der Masse, des Alters und de Zuwachses der Holzbestände. Dessau 1852.

1. Stärkenmessung.
2. Höhenmessung.
3. Massenermittlung.
 A. Liegender Stämme.
  a. Schaftholz.
  b. Reis- und Stockholz.
 B. Stehender Stämme.
  a. Ocularschätzung.
  b. Formzahlverfahren.
   α. Theorie.
   β. Arten der Formzahl.
   γ. Anwendung.
  c. Preßler's Verfahren.

II. Titel. Bestandesaufnahme.
1. Ocularschätzung *).
2. Stammweise Messung.
 A. Fällung von Probestämmen.
  a. Klassenweise Fällung.
  b. Fällung des arithmetisch mittleren Modellstamms.
  c. Draudt'sche Methode **).
   Zusatz.

Baur: Anleitung zur Aufnahme der Bäume und Bestände nach Masse, Alter und Zuwachs. Wien 1861.

Preßler: Der Meßknecht und sein Praktikum. 3. Auflage. Braunschweig 1862.

Derselbe: Forstliches Hülfsbuch für Schule und Praxis &c. Dresden 1869.

Derselbe: Das mathematische Aschenbrödel &c. Leipzig 1870.

Heyer, E.: Ueber Messung der Höhen, sowie der Durchmesser der Bäume &c. Gießen 1870.

Preßler und Kunze: Die Holzmeßkunst in ihrem ganzen Umfange. 2 Bände. Berlin 1873.
 I. Band: Holzwirthschaftliche Tafeln (Preßler).
 II. Band: Lehrbuch der Holzmeßkunst (Kunze).

*) Kohli: Anleitung zur Abschätzung stehender Kiefern nach Massentafeln und nach dem Augenmaß. Berlin 1861.

**) Draudt: Die Ermittlung der Holzmassen. Gießen 1860.

*) Massentafeln zur Bestimmung des Inhalts der vorzüglichsten deutschen Waldbäume. München 1846. Für zehntheiliges Maß.

Stahl: Dasselbe Werk, auf zwölftheiliges Maß umgerechnet. Berlin 1852.

Behm: Massentafeln zur Bestimmung des Gehaltes stehender Bäume an Kubikmetern fester Holzmasse. Berlin 1872.

**) Karl: Ausführliche Abhandlung über die Ermittlung des richtigen Holzbestandesalters. Frankfurt a. M. 1847.

***) Preßler: Zur Forstzuwachskunde. 7. Heft des Reinertragsforstwirths. Dresden 1868.

II. Abschnitt. Hauptarbeiten.

I. Cap. Etatsermittlung.

Methoden *).

I. Titel. Fachwerkmethoden.

1. Character.
2. Flächenfachwerk.
   A. Princip.
   B. Würdigung.
3. Massenfachwerk.
   A. Princip.
   B. Würdigung.
4. Combinirtes Fachwerk.
   A. Princip.
   B. Würdigung.

II. Titel. Weisermethoden.

1. Character.
2. Oesterreichische Kameraltaxation **).
   A. Princip.
   B. Würdigung.
3. Hundeshagen'sche Methode ***).
   A. Princip.
   B. Würdigung.
4. Karl'sche Methode †).
   A. Princip.
   B. Würdigung.

*) Heyer, C.: Die Hauptmethoden zur Waldertragsregelung. Gießen 1848.

**) André: Versuch einer zeitgemäßen Forstorganisation. Prag 1823.

***) Paulsen: Kurze praktische Anweisung zum Forstwesen. Detmold 1795.

Hundeshagen: Die Forstabschätzung auf neuen wissenschaftlichen Grundlagen. Tübingen 1826.

†) Karl: Grundzüge einer wissenschaftlich begründeten Forstbetriebsregulirungsmethode. Sigmaringen 1838.

5. Heyer'sche Methode.
A. Princip.
B. Würdigung.
III. Titel. Zuwachsmethoden.
1. Princip.
2. Würdigung.
II. Cap. Aufstellung des Wirthschaftsplans.
1. Zweck.
2. Arten des Plans.

III. Theil. Sicherung der Waldertragsregelung.

1. Nothwendigkeit.
2. Controle.
A. Des Etats.
B. Des Betriebsplans.
C. Der Betriebsführung.
3. Revision.

II. Buch. Waldwerthrechnung.

Einleitung.
I. Begriff.
II. Eintheilung.
III. Literatur *).

I. Allgemeiner Theil.

I. Cap. Methoden der Werthbestimmung.
II. Cap. Wahl des Zinsfußes.
1. Begriff.
2. Bedingende Momente.

---

*) Heyer, G.: Anleitung zur Waldwerthrechnung. Leipzig 1865 (durch klare Darstellung ausgezeichnet; auf pg. 1 und 2 findet sich ein Nachweis über die ältere Literatur).
Preßler: Zins- und Rententafeln. 3. Auflage. Leipzig 1871.

II. Besonderer Theil.

I. Abschnitt. Ermittlung der Kapitalwerthe.

1. Begriff.
2. Methoden.

I. Titel. Bestandeserwartungswerth.
1. Begriff.
2. Formel.
3. Bedingende Momente.
4. Würdigung.

II. Titel. Bestandeskostenwerth.
1. Begriff.
2. Formel.
3. Bedingende Momente.
4. Würdignng.

III. Titel. Bestandesverkaufswerth.
1. Begriff.
2. Ermittlung.
3. Bedingende Momente.
4. Würdigung.

IV. Titel. Gegenseitige Verhältnisse zwischen den verschiedenen Bestandeswerthen.
1. Beziehung zwischen Bestandeserwartungs- und Bestandeskostenwerth.
2. Beziehungen zwischen Bestandeserwartungs-, ev. Bestandeskosten- und Bestandesverbrauchswerth.

V. Titel. Baumwerth.
1. Concreter Werth.
2. Durchschnittswerth.

VI. Titel. Werth des normalen Vorraths.
1. Erwartungswerth.
   A. Der Betriebsklasse.
   B. Der Flächeneinheit.
2. Kostenwerth.
   A. Der Betriebsklasse.
   B. Der Flächeneinheit.
3. Verbrauchswerth.
4. Rentirungswerth.

III. Cap. Waldwerth.
1. Begriff.
2. Methoden.
3. Formeln.
A. Walderwartungswerth.
B. Waldkostenwerth.
C. Waldverkaufswerth.
D. Waldrentirungswerth.

II. Abschnitt. Ermittlung der Renten.
1. Bodenrente.
2. Bestandesrente.
3. Waldrente.

III. Buch. Forststatik.

Einleitung.
I. Begriff.
II. Eintheilung.
III. Literatur *).

---

*) Hundeshagen: Grundlinien der Statik. Tübingen 1843.
Heyer, C.: Anleitung zu forststatischen Untersuchungen. Gießen 1846.
Preßler: Der rationelle Waldwirth und sein Waldbau des höchsten Ertrags. 2 Bücher. Dresden 1858 und 1859 (von Bahn brechender Wirkung).
Derselbe: Der rationelle Forstwirth und dessen Reinertrags-Forstwirthschaft inner und außer dem Walde. Flugblatt Nr. 1, 4. Heft, einschließend Flugblatt Nr. 2, 5. Heft, einschließend Flugblatt Nr. 3. Dresden 1865.
Heyer, G.: Handbuch der forstlichen Statik. 1. Abtheilung. Die Methoden der forstlichen Rentabilitätsrechnung. Leipzig 1871 (in materieller und formeller Beziehung fast unübertrefflich).

Forststatistisches Material bezüglich einzelner Länder enthalten folgende Werke:
v. Hagen: Die forstlichen Verhältnisse Preußens. Berlin 1867.
Die Forstverwaltung Bayerns. München 1861 nebst Nachtrag von 1869.
Darstellung der K. Sächs. Staatsforstverwaltung und ihrer Ergebnisse. Dresden 1865 nebst Nachtrag im 3. Heft des 20. Bandes vom Tharander Jahrbuch. Dresden 1870.

I. Vorbereitender Theil.

I. Unterabtheilung. Roherträge.

1. Eintheilung.
2. Bemessung *).

Burkhardt: Die forstlichen Verhältnisse des Königreichs Hannover. Hannover 1864.

Die Forstverwaltung Badens. Karlsruhe 1857.

v. Stockhausen: Beiträge zur Forst-, Jagd- und Fischerei-Statistik des Großherzogthums Hessen. Darmstadt 1859.

Bose und v. Stockhausen: Statistik der Waldungen, Jagd und Fischerei im Großherzogthum Hessen nach Erhebungen im Jahre 1861. V. Band der Beiträge zur Statistik des Großherzogthums Hessen. Darmstadt 1865.

Bernhardt: Die forstlichen Verhältnisse von Deutsch-Lothringen. Berlin 1871.

Derselbe: Forststatistik Deutschlands. Berlin 1872.

Leo: Forststatistik über Deutschland und Oesterreich-Ungarn. Berlin 1873.

Schindler: Schematismus und Statistik der Staatsforste, der forstlichen Lehranstalten und Vereine des österreichischen Kaiserthums. I. Jahrg. Wien 1864.

*) Die Neuzeit hat eine große Menge von Kreisflächen-, Kubik- und Preistafeln zu Tage gefördert. Die am meisten zu empfehlenden Tafeln sind:

Kunze: Siebenstellige Kreisflächen für alle Durchmesser von 0,01 bis 99,99. Dresden 1868 (zu feineren forststatischen Untersuchungen).

v. Seckendorff: Kreisflächentafeln für Metermaß. Leipzig 1870.

Pabst: Vierstellige Kubiktafeln zur Inhaltsbestimmung runder Hölzer. 2. Auflage. Gera 1870.

Derselbe: Zweistellige Kubiktafeln zur Inhaltsbestimmung runder Hölzer. Gera 1872.

Braun: Hülfstafeln zur Bestimmung des Cubikinhaltes des Bau- und Werkholzes, zum Dienstgebrauche des (hessischen) Forstpersonals 2c. 2. Auflage. Darmstadt 1870.

Hartig. Th.: Kubik-Tabellen, Kreisfläche-Tabellen, Geld-, Potenz- und Reductions-Tabellen 2c. 10. Auflage. Berlin 1871.

Behm: Kubiktabelle zur Bestimmung des Inhaltes von Rundhölzern nach Kubikmetern und Hunderttheilen des Kubikmeters 2c. 3. Auflage. Berlin 1871.

Derselbe: Hilfstafeln zur Berechnung des Preises von Bau- und Nutzhölzern. Berlin 1871.

I. Abschnitt. Materialerträge.

I. Cap. Holzerträge.

I. Titel. Holzzuwachsgesetze.

1. Zuwachsarten.
2. Massenzuwachs.
   A. Baumzuwachs.
      a. Gang des Höhenzuwachses.
      b. Gang des Stärkenzuwachses.
      c. Gang des Massenzuwachses.
   B. Bestandeszuwachs.
      a. In Hochwaldungen.
      b. In Niederwaldungen.
      c. In Mittelwaldungen.
3. Werthszuwachs.
4. Theuerungszuwachs.

II. Titel. Aufstellung von Ertragstafeln *).

1. Methoden.
2. Specielles Verfahren.

III. Titel. Statistik **).

1. Materialergebnisse.
   A. Haubarkeitserträge.
      a. In Hochwaldungen.
      b. In Niederwaldungen.
   B. Vorerträge.
   C. Gesammterträge.
2. Holzabgänge.

Preßler: Der umfassend-practische Holzkubirer fürs Liegende und Stehende u. s. w. 4. Auflage. Leipzig 1870.

Derselbe: Rechenknecht in Feld und Wald, Haus und Hof. Für preußische Landwirthe und Forstleute. Berlin 1872.

*) Preßler: Forstliche Ertrags- und Bonitirungstafeln nach Kubikmeter pro Hectar. Leipzig 1870.

**) Schindler: Portefeuille für Forstwirthe. Wien 1872.

II. Abschnitt. Gelderträge.

I. Cap. Holzgelderträge.
  I. Titel. Holzpreise.
    1. Bestimmungsgründe.
    2. Veranschlagung.
    3. Gesetze.
  II. Titel. Statistik.
    1. Werthverhältnisse.
      A. Der Holzarten.
      B. Der Sortimente.
    2. Einflüsse auf den Preisstand.
      A. Bevölkerungsziffer.
      B. Surrogate.
      C. Jahreszeit.
      D. Triftanstalten.
      E. Sonstige Umstände.
    3. Zeitliche Preisstände.
      A. Waldpreise.
      B. Marktpreise.
    4. Durchschnittserträge.
II. Cap. Nebennutzungsgelderträge.
  I. Titel. Im Allgemeinen.
  II. Titel. Statistik.
    1. Werthverhältnisse.
      A. Rinde.
      B. Futterlaub.
      C. Waldgras.
      D. Waldstreu.
      E. Torf.
    2. Gelderträge.
      A. Rinde.
      B. Harz.
      C. Futterlaub.
      D. Baumfrüchte.
      E. Waldgras.

A. Bodenvorbereitung.
B. Düngung.
C. Umfriedigung.
D. Verschulung.
E. Lockerung und Reinigung.
F. Gesammtaufwand.

2. Pflanzung.
A. Bodenvorbereitung.
B. Einsetzen der Pflänzlinge.
C. Gesammtaufwand.

III. Bestandeserziehung.
1. Ausjätung.
2. Durchforstung.
3. Aufastung.

II. Titel. Waldschutzkosten.
1. Waldbegrenzung.
2. Thierschutz.
3. Grabenfertigung.
4. Entwässerung.
5. Flugsandbindung.

III. Titel. Erndtekosten.
1. Holzerndte.
2. Nebennutzungserndte.
A. Rinde.
B. Harz.
C. Futterlaub.
D. Baumfrüchte.
E. Waldgras.
F. Waldstreu.
G. Feldbau.
H. Torf.

IV. Titel. Transportkosten.
1. Landtransport.
2. Wassertransport.

V. Titel. Veredelungskosten.
  1. Holzimprägnation.
  2. Köhlerei.
  3. Theerschwelerei.
  4. Pechsiederei.
  5. Kienrußbrennerei.
  6. Waldsamenklenge.

VI. Titel. Verwaltungskosten.
  1. Kosten für Schutz.
  2. Kosten für Bewirthschaftung.
  3. Kosten für Inspection und Controle.
  4. Kosten für Direction.
  5. Kosten für Forsteinrichtung.
  6. Gegenseitiges Kostenverhältniß.
  7. Gesammtaufwand.

VII. Titel. Sonstige Betriebskosten.

III. Unterabtheilung. Methoden der Statik.

I. Abschnitt. Unternehmergewinn.

1. Begriff.
2. Bestimmung.
   - A. Aussetzender Betrieb.
     - a. Vorwerth.
     - b. Jährliche Rente.
     - c. Nachwerth.
   - B. Jährlicher Betrieb.
3. Größe.
   - A. Aussetzender Betrieb.
   - B. Jährlicher Betrieb.
4. Anwendung.

II. Abschnitt. Verzinsung des Productionsaufwandes.

1. Princip.
2. Bestimmung.

I. Cap. Laufend-jährliche Verzinsung.
- 1. Formeln.
  - A. Aussetzender Betrieb.
  - B. Jährlicher Betrieb.
- 2. Verhältniß der Procente.
- 3. Gesetze.
  - A. Aussetzender Betrieb.
  - B. Jährlicher Betrieb.
- 4. Anwendung.

II. Cap. Durchschnittlich-jährliche Verzinsung.
- 1. Formeln.
  - A. Aussetzender Betrieb.
  - B. Jährlicher Betrieb.
- 2. Verhältniß der Procente.
- 3. Gesetze.
  - A. Aussetzender Betrieb.
  - B. Jährlicher Betrieb.
- 4. Anwendung.

II. Angewandter Theil.

I. Abschnitt. Wahl der Umtriebszeit.

I. Cap. Umtriebszeit der Schutzwaldungen (Klimatologische Umtriebszeit).
- 1. Begriff.
- 2. Ermittlung.
- 3. Anwendung.

II. Cap. Physische Umtriebszeit.
- 1. Begriff.
- 2. Höhe.
- 3. Anwendung.

III. Cap. Finanzielle Umtriebszeit.
- 1. Begriff.
- 2. Ermittlung.

1. Mittelwaldbetrieb.
   A. Lichtseiten.
   B. Schattenseiten.
   C. Anwendung.
2. Hochwaldconservationsbetrieb (G. L. Hartig'scher Betrieb).
   A. Lichtseiten.
   B. Schattenseiten.
   C. Anwendung.

IV. Titel. Verbindung der Holzzucht mit Fruchtbau.
I. Im Allgemeinen.
   A. Lichtseiten.
   B. Schattenseiten.
   C. Anwendung.
II. Im Besonderen.
1. Röderlandbetrieb.
2. Waldfeldbetrieb.
3. Hackwaldbetrieb.

V. Titel. Verbindung der Holzzucht mit Thierzucht.
1. Waldweidebetrieb.
   A. Lichtseiten.
   B. Schattenseiten.
   C. Anwendung.
2. Wildgartenbetrieb.
   A. Lichtseiten.
   B. Schattenseiten.
   C. Anwendung.

II. Cap. Würdigung im Sinne der Statik.

IV. Abschnitt. Wahl der Culturart.

I. Cap. Würdigung im Allgemeinen.
I. Titel. Natürliche Begründung.
II. Titel. Künstliche Begründung.
I. Im Allgemeinen.
II. Im Besonderen.

1. Saat.
   A. Lichtseiten.
   B. Schattenseiten.
   C. Anwendung.
2. Pflanzung.
   A. Lichtseiten.
   B. Schattenseiten.
   C. Anwendung.

II. Cap. Würdigung im Sinne der Statik.
1. Vorbemerkung.
2. Bestimmung des Unternehmergewinns.
3. Bestimmung der Verzinsung.

IV. Buch. Forsthaushaltungskunde.

Einleitung.
I. Begriff.
II. Eintheilung.
III. Literatur *).

*) Hartig, G. L.: Grundsätze der Forstdirection. 2. Auflage. Hadamar 1813.

Meyer: Forstdirectionslehre. Würzburg 1819 (1810).

v. Wedekind: Anleitung zur Forstverwaltung und zum Forstgeschäftsbetrieb. Darmstadt 1831.

Roth: Theorie der Forstgesetzgebung und Forstverwaltung im Staate. München 1841.

v. Berg: Die Staatsforstwirthschaftslehre. Leipzig 1850.

(Die vorstehenden Werke verbreiten sich im Wesentlichen über den Staatsforsthaushalt und enthalten zum größeren Theil Materien, welche, streng genommen, nicht hierher gehören.)

Micklitz, R.: Forstliche Haushaltungskunde rc. Wien 1859 (jedenfalls das beste Buch).

In Bezug auf die hessische Forstorganisation ist zu vergleichen:

Das hessische Staatsrecht. Neuntes Buch. Vom Forstwesen. Darmstadt und Leipzig.

1. Band. Von der Forstdienstorganisation und dem Forstdienst im Allgemeinen. 1834.

2. Band. Gesetze, Verordnungen und sonstige Vorschriften über:

I. Theil. Personalorganisation.

1. Gliederung des Personals.
2. Hauptgrundzüge der Organisation.

II. Theil. Geschäftsbetrieb.

1. Gliederung der Betriebsgeschäfte.
2. Hauptgrundsätze.
3. Schriftliche Arbeiten.

---

1. Abtheilung. Gegenstände der Forst-, Jagd- und Fischerei-Polizei im Großherzogthum Hessen. 1835.
2. Abtheilung. Verwaltung der Forst-, Jagd- und Fischerei-Domänen im Großherzogthum Hessen. 1836.
3. Abtheilung. Verwaltung der Communal-Waldungen im Großherzogthum Hessen. 1837.
4. Abtheilung. Nachträge zum ersten und zweiten Bande. 1837.

Druck von Wilhelm Keller in Gießen.

FSC
www.fsc.org
MIX
Papier | Fördert gute Waldnutzung
FSC® C083411

Zeitfracht Medien GmbH
Ferdinand-Jühlke-Straße 7
99095 Erfurt, Deutschland
produktsicherheit@kolibri360.de